# Considérations sur le Troupeau Ovin

## en Seine-et-Marne

**PIERRE ROSSIGNOL**
*Licencié en Droit*
*Docteur Vétérinaire*

# Considérations sur le Troupeau Ovin en Seine-et-Marne

Ouvrage contenant 4 illustrations en hors texte

ÉDITIONS ET PUBLICATIONS
CONTEMPORAINES – PIERRE BOSSUET
47, RUE DE LA GAITÉ – PARIS – 14e

1929

A la mémoire de mon Vénéré Grand-Père
HIPPOLYTE ROSSIGNOL

A mon Père et à ma Mère,

A ma Femme,

A mes Frères et à mes Fils.

*Meis et Amicis.*

A Monsieur le Professeur GOSSET,
*de la Faculté de Médecine de Paris.*

Qui m'a fait le grand honneur d'accepter la présidence de cette thèse, remerciements respectueux.

A Monsieur le Professeur DECHAMBRE,
*de l'École Vétérinaire d'Alfort.*

Avec l'expression de ma plus affectueuse gratitude pour les bienveillants conseils qu'il m'a prodigués, et en gage de mes sentiments de fidèle et respectueuse amitié.

A Monsieur le Professeur MOUSSU,
*de l'École Vétérinaire d'Alfort.*

Qui m'a fait l'honneur d'être membre du jury, hommage de ma vive reconnaissance.

A mes Maîtres de l'École d'Alfort.

# Considérations sur le Troupeau Ovin en Seine-et-Marne

## INTRODUCTION

L'importance de la crise générale qui a frappé l'élevage ovin a été douloureusement ressentie par nos cultivateurs briards ; il en est résulté une diminution considérable de l'effectif de notre troupeau de moutons et une transformation radicale de son exploitation en Seine-et-Marne.

Il nous a paru intéressant d'étudier ce double phénomène dans ses causes et dans ses conséquences, en insistant plus particulièrement sur la période des réquisitions de laine par l'Intendance au cours de la dernière guerre.

Cette étude nous a été suggérée par les notes manuscrites de notre regretté grand-père, Hippolyte Rossignol, sur la dépécoration en Seine-et-Marne en 1898, et par le rapport d'expertise de notre vénéré maître, M. le Professeur Dechambre, sur le prix de revient des laines réquisitionnées par l'Intendance au cours de la guerre. Ni ce rapport, ni ces notes ne furent publiés. Aussi, avons-nous cru devoir y puiser les matériaux les plus solides pour la rédaction de notre thèse, en formulant le vif désir que leurs auteurs y puissent trouver l'expression de notre plus affectueuse gratitude.

Auparavant, il est nécessaire de faire une description succincte de notre département au point de vue géologique, géographique et agricole, car la production animale d'un pays est essentiellement fonction du milieu sur lequel elle vit et des cultures qui y sont pratiquées. Nous décrirons donc successivement la constitution géologique de notre région, son relief, son hydrographie, son climat ; nous passerons en revue les différentes cultures qui sont la richesse principale de ce département essentiellement agricole. Nous dirons enfin quelques mots du bétail qui le peuple avant de limiter notre étude à la partie de la population animale qui nous intéresse, sa production ovine.

# CHAPITRE PREMIER

## Généralités sur le Département de Seine-et-Marne.

### A. — Etude géologique sommaire

L'étude du département de Seine-et-Marne au point de vue géologique a été exécutée au moyen de la carte de Cassini et des cartes topographiques du dépôt de la guerre.

Le département de Seine-et-Marne fait partie d'un vaste ensemble géologique connu, depuis les admirables travaux de Cuvier et Brongniart, sous le nom de bassin de Paris. Avec seulement quelques alluvions quaternaires dans les amples vallées de la Seine et de la Marne, les terrains tertiaires en occupent à peu près toute l'étendue ; et sous ces terrains, on rencontre la craie, dernière assise des roches secondaires.

La constitution géologique du sol du département et son relief topographique présentent entre eux des rapports frappants. Partout, en effet, les plaines, uniformes par leur niveau, sont uniformes aussi par leur structure ; partout on retrouve, sur les pentes des collines isolées, comme sur les talus escarpés qui limitent les plaines hautes, des éléments semblables, semblablement disposés. Les mêmes couches viennent dans le même ordre, presque à la même hauteur et avec la même puissance, présenter en regard des affleurements correspondants. Cette parfaite identité rétablit en quelque sorte, entre ces diverses parties, la continuité interrompue.

La craie forme dans son ensemble une assise puissante. Dans le département, on n'en voit que la partie supérieure ; elle se relève comme une vaste enceinte autour des terrains tertiaires et se montre au fond de déchirures assez profondes pour trancher toutes les couches qui la recouvrent.

Quant aux terrains tertiaires, ils comprennent un grand nombre de couches de natures diverses, qui se partagent en groupes à peu près homogènes.

Le tableau suivant nous donnera la série complète des assises géologiques :

| | | |
|---|---|---|
| 1° Terrains diluviens. | Terrain de transport des vallées. | Terre argilo-sableuse.<br>Conglomérat de cailloux dans une argile rougeâtre.<br>Cailloux roulés. |
| | Diluvium des plaines. | Diluvium des plateaux.<br>Terrains remaniés des plaines basses. |
| 2° Etage tertiaire moyen | Argile supérieur | Argiles et meulières supérieures.<br>Argiles à silex. |
| | Calcaire lacustre supérieur | Calcaires et marnes lacustres. |
| | Sable supérieur | Sables supérieurs et grès<br>Marnes sableuses. |

| | | |
|---|---|---|
| 3e Etage tertiaire inférieur. | Calcaire lacustre inférieur. | Argiles à meulières inférieures.<br>Travertin supérieur<br>Glaises vertes et marnes.<br>Travertin inférieur avec gypse. |
| | Sable moyen. | Sables moyens, grès et couches calcaires subordonnées. |
| | Calcaire grossier. | Marnes fragmentaires.<br>Calcaire grossier.<br>Calcaire grossier inférieur, ou sables calcaires et calcaires sableux glauconieux. |
| | Argile plastique | Marnes sableuses, grès à ciment argileux ou siliceux.<br>Sables, argiles, poudingues de cailloux roulés, marnes argileuses.<br>Sables inférieurs, couche coquillière.<br>Sables, argiles, lignites<br>Marnes argileuses. |

4° Calcaires pisolithiques.
5° Craie.

Pour terminer cette étude géologique sommaire, nous dirons que les plaines de l'arrondissement de Melun, élevées en moyenne de 80 à 90 mètres au-dessus du niveau de la mer, présenteraient, si l'on y perçait un puits, à peu près la coupe suivante :

| | | |
|---|---|---|
| 1° | Meulières ou calcaire siliceux, 7 à 8 mètres | |
| 2° | Marnes verdâtres ......<br>Glaises vertes .........<br>Marnes blanchâtres .... | au plus 6 mètres. |
| 3° | Marnes ou calcaires marneux quelquefois calcaires compactes, spathiques ou siliceux.................. | Epaisseur variable qui peut atteindre jusqu'à 70 mètres. |
| 4° | Marnes sableuses ........ | Epaisseur variable de 26 à 40 mètres. |
| 5° | Sables et argiles ......... | |
| 6° | Craie. | |

On peut être certain que toute éminence qui s'élève au-dessus du niveau moyen de ces plaines (80 à 90 mètres) est composée de sable en place ou remanié.

L'eau s'y trouve à cinq niveaux différents.

---

## B. — Aperçu géographique

Le département de Seine-et-Marne est compris entre 0° 3' et 1° 13' de longitude, comptée à partir du méridien de Paris, et entre 48° 7' et 49° 6' de latitude nord.

Il tire son nom de la Seine, dont le cours sinueux se développe sur 85 kilomètres environ dans la direction générale du sud-est au nord-ouest, et

BELIER DE LA RACE DE L'ILE DE FRANCE
26 mois — Prix de Championnat à Paris, Amiens et Senlis en 1923.
A M. Constant DHUICQUE.

LOT DE BREBIS DE L'ILE DE FRANCE
Prix de Championnat au Concours d'Amiens 1926.
A M. LAUVRAY à Claville (Eure)

de la Marne qui, par de longs circuits, parcourt dans notre département environ 100 kilomètres.

L'étendue superficielle du département de Seine-et-Marne est de 591.535 hectares.

Deux contrées, plates toutes deux, s'y côtoient: la *Brie* s'étend sur les arrondissements de Melun, Meaux, Provins et Coulommiers, ne laissant que celui de Fontainebleau au Gâtinais. La Brie est un paradis de la vie des champs, une « terre » où la charrue est reine ; sa beauté est dans ses forêts, ses profonds et tortueux vallons. Le *Gâtinais* triomphe par sa selve de Fontainebleau et les magnifiques traînées de roches que la délitescence des grès a répandues sur le sol. Comme relief, le pays oscille entre moins de 40 mètres et 215 à la Butte Saint-Georges du canton de Rebais.

Quoique le sol de notre département ne soit pas fortement accidenté, sa configuration est assez remarquable. Trois étages de plaines très faiblement inclinées vers le sud s'y succèdent en gradins à des niveaux différents.

Sur la rive gauche de la Seine, au sud du département, des plateaux étendus atteignent 120 à 125 mètres d'altitude. Leur superficie presque horizontale est découpée profondément par des vallons à versants escarpés ; mais ces sillons étroits en interrompent à peine la continuité. Des pentes rapides bornent ces plateaux de toutes parts, et les contours dentelés de cette espèce de falaise irrégulière dominent les plaines de l'étage moyen et forment sur ss bords comme des golfes profonds et des caps saillants et allongés.

A l'étage moyen des plaines appartient toute l'étendue comprise entre la Seine et la Marne ; il s'avance même en quelques endroits sur la rive gauche de la Seine. Ces plaines se relèvent sensiblement et d'une manière continue vers le nord.

Des plaines plus basses, moins uniformes dans leur niveau, occupent les rives droites de la Seine et de la Marne, et leur surface légèrement ondulée se raccorde avec celle de l'étage moyen par des pentes insensibles.

Sur les plaines inférieures s'élèvent de nombreux mamelons isolés de toutes parts ; s'ils ont quelque étendue, ils sont toujours couronnés par un plateau horizontal, dont le niveau atteint celui des plus hautes plaines ; ils en sont d'ailleurs séparés et sont également séparés entre eux, par de larges bas-fonds comparables à d'immenses vallées à fond plat ouvertes aux deux extrémités, sans rivières et sans cols.

Ces monticules et les collines qui se rattachent comme de grands promontoires à la ceinture en talus, irrégulière et escarpée, qui borde les plaines de l'étage supérieur, sont en général allongés et alignés dans une direction commune, et forment ainsi plusieurs séries parallèles de chaînons discontinus. Cette direction est presque partout celle de l'est sud-est à l'ouest nord-ouest. Vers le nord du département, elle se rapproche de la ligne sud-est nord-ouest qui devient dominante dans le département de Seine-et-Oise.

Les collines allongées qui, dans la forêt de Fontainebleau, portent le nom de rochers, les éminences sableuses qui environnent Melun, celles qui s'étendent à l'ouest de Mont-le-Potier, enfin les monticules qui règnent avec de larges solutions de continuité entre Meaux, Dammartin et Saint-Witz, sont autant d'exemples de ces dispositions remarquables.

Ces alignements généraux, la forme particulière de chaque monticule, les correspondances de niveau, tout porte à croire que ces collines ont primitivement fait partie d'un même ensemble, et qu'elles sont demeurées comme autant de témoins d'un immense déblai qui les a séparées entre elles et des plaines hautes, auxquelles il paraît difficile de se refuser à la réunir par la pensée.

### *Hydrographie*

Les cours d'eau les plus importants du département sont la Seine et l'Yonne, la Marne et le Loing.

La ligne de partage des eaux entre les bassins de la Seine et de la Marne est tout à fait indéterminée, et la presque horizontalité des plaines rend les eaux superficielles à peu près indifférentes à l'écoulement dans un sens ou dans l'autre. En réalité même il existe deux vallées et non deux bassins, puisque, au lieu d'une ligne de faîte à la séparation de deux versants opposés, l'on voit un grand plan régulièrement incliné s'élever constamment du sud au nord, sans que sa pente générale soit modifiée par les solutions de continuité qui produisent les deux vallées.

Il résulte de là que les affluents de la Seine, comme les rivières d'Anqueil et d'Yères, et ceux de la Marne, comme le Grand et le Petit Morin, ne s'écartent pas beaucoup du parallélisme, et que leur direction s'approche d'être perpendiculaire à la pente générale des plaines.

### *Climat*

Le climat de Seine-et-Marne, qui ne diffère pas sensiblement de celui des environs de Paris, présente une sorte de transition entre le climat continental à température extrême et le climat maritime à température plus humide et plus douce.

La différence n'est pas sensible du nord au midi comme moyenne annuelle ; il est admis cependant que la rivière de la Marne détermine la limite de la culture de la vigne en plein champ. Quelquefois, au printemps, après une période de beaux jours, surviennent des gelées tardives qui arrêtent la végétation. Ce n'est qu'au mois de mai que la chaleur commence à se faire sentir régulièrement et que la végétation entre en activité d'une façon continue.

Les températures estivale et hivernale sont généralement modérées ; des pluies douces et intermittentes attiédissent les chaudes journées d'été et entretiennent l'évaporation des plantes. Pendant l'hiver, la neige — plus rare cependant au cours de ces dernières années — protège les céréales contre les rigueurs du froid.

Les températures extrêmes, telles que celles enregistrées en 1870, 1890, 1893 n'y sont heureusement que de rares exceptions. En général, la chaleur estivale est suffisante pour amener les raisins à maturité, sans qu'on puisse craindre la brûlure des céréales, comme il arrive quelquefois dans le midi de la France, ou encore certaines maladies cryptogamiques engendrées par l'humidité persistante des climats marins.

Aussi, le département de Seine-et-Marne, jouissant d'un climat tempéré, est-il un pays essentiellement producteur de céréales, où les prairies naturelles sont relativement peu abondantes et où les vignobles eux-mêmes ont dû s'effacer devant le blé.

---

## C. — Cultures

*Céréales.* — La Brie ainsi que la Beauce ont toujours été deux grandes productrices de céréales. Autrefois, ces régions étaient considérées comme les greniers de la capitale, et aujourd'hui encore, malgré la variété des cultures, malgré l'introduction des plantes fourragères et industrielles qui se sont taillé une large place dans nos assolements, malgré aussi la concurrence étrangère, les céréales occupent dans notre département une place prépondérante.

Le blé est en Seine-et-Marne la céréale la plus importante par ses rendements et son étendue, alors que le seigle n'y occupe qu'une faible superficie ; l'avoine a subi la même progression que le blé, alors que l'orge qui est, comme le seigle, la céréale des sols médiocres, a vu sa culture diminuer progressivement.

*Prairies naturelles et artificielles.* — L'expérience a démontré surabondamment que la Brie, au point de vue de la production fourragère, était avant tout un pays à prairies artificielles. La luzerne y occupe la place principale ; elle était connue dans la Brie bien avant l'époque où Gilbert commençait à en propager la culture dans les environs de Paris ; le trèfle fournit des rendements satisfaisants dans les terres froides et peu profondes ; quant au sainfoin, il est cultivé plus particulièrement dans les sols calcaires, où les autres fourrages donneraient de médiocres résultats.

*Plantes sarclées et industrielles.* — Les plantes sarclées ont remplacé avantageusement l'ancienne jachère. Parmi elles, la betterave occupe le premier rang. Cette racine s'est d'abord développée sous forme de betterave fourragère, puis on ne tarda pas à la cultiver pour produire de l'alcool d'abord, du sucre ensuite ; dès 1860, les cultivateurs, encouragés par les hauts prix de l'alcool, montèrent de nombreuses distilleries. En 1895, on comptait en Seine-et-Marne quarante-sept distilleries, dont vingt-huit dans l'arrondissement de Melun. Vers 1864, les deux premières fabriques de sucre furent installées à Lizy-sur-Ourcq et à Mitry ; en 1895, il y en avait treize. La culture de la betterave exerça en outre une influence directe sur la production du blé, dont elle augmenta le rendement.

Il faut encore citer la culture de la pomme de terre qui commença à se développer en Seine-et-Marne vers l'année 1812, et aussi celle du lin, moins importante, et celle du colza, aujourd'hui à peu près disparue.

*Vignes, Vergers, Bois.* — Les vignobles de Seine-et-Marne ont considérablement diminué parce que les chemins de fer ont permis l'arrivée facile des vins du Midi, et aussi parce que les gelées printanières, les maladies cryptogamiques, le phylloxéra sont autant d'obstacles qui, à part quelques rares exceptions, finiront par faire disparaître la vigne de notre pays.

Les vergers ont souffert des hivers rigoureux de 1871 et de 1879, et leur importance est devenue bien faible aujourd'hui. Quant aux surfaces boisées, elles occupent les rares parties médiocres du département et se trouvent principalement dans l'arrondissement de Fontainebleau, et dans les cantons du Châtelet et de Tournan. En résumé, le département de Seine-et-Marne est essentiellement un pays de grande culture où les céréales et la betterave occupent une place prépondérante.

---

## D. — Le Bétail

Le bétail est un des facteurs les plus puissants de la production agricole, et par les produits qu'il donne et par ceux qu'il permet d'obtenir. Sans lui, aucune culture n'est possible ; tantôt la production animale est pour ainsi dire exclusive à toute autre, tantôt elle se mêle, dans des proportions diverses, à la production végétale. C'est le cas le plus fréquent ; c'est celui que nous trouvons en Seine-et-Marne, où l'assolement triennal est le plus en usage et où la nourriture des animaux est basée à la fois sur la culture des céréales, des prairies artificielles et des plantes sarclées.

Ce bétail, qu'il s'agisse d'animaux de trait fournissant du travail, ou d'animaux de rente, les plus nombreux, produisant la viande, le lait, le beurre, le fromage, la laine, etc., a une fonction commune : la transformation des pailles et des fourrages en fumier.

Le département de Seine-et-Marne n'a jamais été à proprement parler un pays d'élevage ni pour les chevaux, ni pour les bovins, ni pour les porcins qu'on y rencontre ; seul le mouton y a fait exception, et encore s'est-il opéré un grand changement de ce côté : l'élevage a progressivement cédé devant l'engraissement tandis que parallèlement, le troupeau ovin voyait son effectif diminuer considérablement.

C'est cette transformation radicale de la spéculation ovine en Seine-et-Marne que nous allons étudier, en recherchant les causes, et essayant de dégager l'avenir du mouton dans notre département, où l'adaptation aux exigences actuelles ne s'est pas faite sans déboires pour nos cultivateurs.

---

## CHAPITRE II

### Le Mouton en Seine-et-Marne.

---

Historique. — Statistiques

L'élevage du mouton est en décroissance constante, en France, d'année en année, depuis 1852, ainsi que le prouvent les statistiques décennales suivantes :

| | |
|---|---|
| 1852 ................ | 33.281.592 |
| 1862 ................ | 29.529.678 |
| 1882 ................ | 23.809.433 |
| 1892 ................ | 21.115.713 |
| 1902 ................ | 18.476.788 |
| 1912 ................ | 16.467.700 |
| 1922 ................ | 9.782.420 |

La guerre a accentué l'aggravation de cette diminution suivant un rythme accéléré, puisque les statistiques officielles donnent, pour les années correspondantes, les chiffres ci-après :

| | |
|---|---|
| 1913 ................ | 16.131.340 |
| 1914 ................ | 14.038.361 |
| 1915 ................ | 12.379.124 |
| 1916 ................ | 12.079.211 |
| 1917 ................ | 10.586.594 |
| 1919 ................ | 8.990.660 |

En ces dernières années, seulement, un relèvement progressif de l'effectif ovin est venu légèrement atténuer les conséquences désastreuses de la guerre sur nos troupeaux.

Voici, en effet, les chiffres de 1922 à 1927 :

| | |
|---|---|
| 1922 ................ | 9.782.420 |
| 1923 ................ | 9.925.310 |
| 1924 ................ | 10.171.520 |
| 1925 ................ | 10.537.020 |
| 1926 ................ | 10.775.260 |
| 1927 ................ | 10.693.120 |

Malgré cette légère progression, le troupeau ovin français est encore loin du nombre de têtes accusé en 1913. Cette diminution de l'élevage du mouton est, d'ailleurs, générale en Europe, puisque la comparaison des statistiques de 1866 et de 1914 donne les chiffres suivants, parmi lesquels seuls ceux de l'Italie font une très légère exception :

| | 1866 | 1914 |
|---|---|---|
| | — | — |
| France | 29.500.000 | 14.038.361 |
| Russie | 45.300.000 | 42.735.000 |
| Grande-Bretagne | 34.100.000 | 24.886.095 |
| Espagne | 32.100.000 | 15.829.954 |
| Italie | 11.000.000 | 11.162.926 |
| Autriche-Hongrie | 16.600.000 | 8.987.959 |
| Allemagne | 25.300.000 | 5.803.445 |
| Pays Scandinaves | 5.200.000 | 2.901.464 |
| Pays-Bas | 1.000.000 | 842.018 |
| Belgique | 600.000 | 185.373 |
| Suisse | 400.000 | 161.414 |

Il n'y a que certains pays neufs qui, hors d'Europe, aient vu, dans cette même période, leurs effectifs augmenter : Argentine, Nouvelle-Zélande, Australie, Etats-Unis, Afrique du Sud.

La dépécoration reconnaît donc des causes générales que nous allons passer en revue, en étudiant ce phénomène dans le département de Seine-et-Marne, où la diminution du troupeau ovin a été particulièrement sévère, ainsi qu'on peut le constater :

| | |
|---|---|
| 1836 | 800.000 |
| 1852 | 724.800 |
| 1862 | 704.227 |

| | |
|---|---|
| 1872 .................. | 474.896 |
| 1894 .................. | 406.785 |
| 1904 .................. | 439.133 |
| 1914 .................. | 350.551 |
| 1924 .................. | 266.871 |

Il y a donc eu, dans notre département, en 90 ans environ, une perte de 533.129 têtes, soit 66 o/o.

### Causes générales et spéciales de la dépécoration.

Les causes qui ont déterminé cette dépécoration du troupeau briard sont intéressantes à étudier du fait que certaines sont particulières à notre département, et que nous remarquerons, parallèlement au phénomène général de dépécoration, une transformation complète de la spéculation ovine, entraînant la disparition progressive des troupeaux mérinos, les plus nombreux autrefois, auxquels se sont substitués des éléments répondant mieux aux exigences actuelles.

Autrefois, la race berrichonne occupait une aire géographique très vaste qui, du sud de la Loire s'était étendue peu à peu jusqu'en Brie. Lorsque le mérinos s'installa en France, il pénétra en maints endroits et refoula les races indigènes ; on vit dès lors, en Brie, le berrichon régresser et être remplacé, grâce au mécanisme du croisement continu, par des métis mérinos qui devinrent par progression au cours du XIXe siècle les célèbres mérinos de la Brie Ils eurent, ces mérinos, un long moment de splendeur. Des bergeries réputées s'organisèrent à l'instar de celle de Rambouillet, et fournirent des béliers estimés à beaucoup d'autres bergeries françaises et aussi à l'étranger. Le troupeau d'Eprunes, appartenant à M. Delamarre, était un des plus célèbres. Il ne nous a pas été donné de le connaître ; mais notre grand-père allait souvent chez M. Delamarre, non seulement pour donner ses soins aux animaux, mais plus souvent, peut-être, pour suivre attentivement le troupeau et discuter de ses améliorations, car la question du mouton le passionnait beaucoup.

Puis, il fallut s'adapter à de nouvelles exigences ; les causes diverses que nous allons étudier déterminèrent une évolution dans l'élevage ovin qui eut pour conséquence la quasi disparition du mérinos. Des essais furent tentés pour ramener le berrichon dans son ancien territoire et ç'eût été une chose fort intéressante pour l'historien que de constater ce retour après une éclipse de près d'un siècle ; mais le berrichon ne pouvait répondre entièrement aux besoins nouveaux, bien qu'il eût lui aussi évolué et se fût perfectionné. Il fallait aux fermiers briards, disposant de beaucoup de nourriture, un mouton sans doute exigeant, mais capable de transformer rapidement les aliments qu'il consomme à satiété. Les moutons lourds et précoces du type Dishley-Mérinos firent alors leur apparition.

Les phénomènes zoo-économiques que nous venons de résumer ne sont pas spéciaux au département de Seine-et-Marne ; on peut dire cependant qu'ils s'y sont succédé avec une netteté plus remarquable qu'ailleurs. Il en est de même des causes de la dépécoration, parmi lesquelles nous allons rencontrer des causes générales et des causes spéciales, c'est-à-dire des causes qui, dans notre département, se sont fait sentir plus fortement que dans d'autres.

### 1° *Transformation des méthodes culturales*

La transformation des méthodes culturales, en Seine-et-Marne, a influencé l'élevage du mouton du fait de l'extension de la culture de la betterave et de l'emploi des engrais chimiques et des gadoues.

L'extension de la culture de la betterave, dans notre région, a eu pour résultat immédiat la suppression des jachères qui, dans l'ancien assolement triennal, procuraient chaque année aux moutons un libre parcours dans le tiers des terres, ce qui permettait d'avoir à peu de frais des troupeaux importants, qui utilisaient en outre toutes les terres incultes, nombreuses encore il y a cent ans, et presque complètement défrichées aujourd'hui.

La culture intensive a, de plus, entraîné les

labours de déchaumage aussitôt la moisson, enlevant ainsi au mouton les parcours dans les chaumes de céréales qui lui fournissaient, surtout dans les années humides, une nourriture abondante quoiqu'économique ; l'intérêt qu'avaient alors les cultivateurs à faire consommer à leurs moutons les plantes messicoles a, de plus, disparu complètement du fait du progrès réalisé par ces déchaumages précoces. Cet inconvénient au point de vue de l'élevage ovin n'a été que partiellement compensé par la consommation par les moutons des collets de betteraves au moment de l'arrachage, et des pulpes résultant de la fabrication du sucre et de l'alcool.

Toutes ces transformations ont donc imposé un entretien presque permanent des troupeaux à la bergerie et augmenté les frais de nourriture qui ne sont que faiblement amortis par une plus grande production du fumier. La superproduction du sucre et de l'alcool est par conséquent incompatible avec l'augmentation des troupeaux ; cette incompatibilité n'est d'ailleurs pas particulière à notre département ni même à la France, mais elle s'étend à toutes les régions de l'Europe où la culture betteravière a pris une grande extension.

L'emploi des engrais chimiques et des gadoues se substituant partiellement, mais dans des proportions sans cesse croissantes au fumier a eu aussi une influence très importante sur la diminution de nos troupeaux briards.

Autrefois, en effet, la production de fumier indispensable aux cultures de céréales auxquelles il fournissait des matières fertilisantes extrêmement riches, nécessitait l'entretien de troupeaux importants dans ce but particulier. Aujourd'hui, les engrais chimiques ont pris une prépondérance de plus en plus grande ; les cultivateurs savent maintenant raisonner leur emploi et ils ont pu, en faisant créer des stations agronomiques et en se syndiquant, se garantir des fraudes du début et obtenir des conditions meilleures des vendeurs.

Pour la banlieue de Paris, les gadoues jouent un rôle analogue à celui des produits chimiques ; pour éviter l'encombrement, les entrepreneurs vendent ces engrais à des prix raisonnables et le cultivateur a tout intérêt à restreindre une production onéreuse de fumier pour vendre non seulement ses grains et ses racines, mais encore ses pailles et ses fourrages qui sont arrivés à atteindre de hauts prix, surtout pendant les périodes de sécheresse.

### 2° *Pénurie des bergers*

La pénurie des bergers est une autre cause fort importante de la dépécoration ; beaucoup de cultivateurs ne trouvant plus de bergers ont été dans l'obligation de supprimer leurs troupeaux. Quoique les bergers aient toujours été parmi les mieux rémunérés des ouvriers agricoles, leur nombre a rapidement diminué. D'après Girard et Jannin, on comptait en France, en 1862, 219.753 bergers. En 1892, il n'y en avait plus que 80.681 et, depuis lors, la diminution a continué à s'accentuer. Nombreuses sont aujourd'hui les fermes briardes où les cultivateurs qui ont voulu, malgré ces difficultés, conserver leurs troupeaux, ont été obligés d'en confier l'entretien à de la main-d'œuvre étrangère, belge, polonaise ou tchéco-slovaque, non spécialisée. Cette question est évidemment liée aux difficultés générales concernant la main-d'œuvre dans nos campagnes ; mais il faut reconnaître que, parmi les ouvriers agricoles, le berger est, avec le « compagnon » de nos étables, celui dont le métier est le plus astreignant, tout en nécessitant, par surcroît, des qualités particulières d'observation, de dévouement et de soin : et cela explique qu'il soit encore plus difficile de trouver un bon berger ou un bon « compagnon » qu'un bon conducteur de chevaux ou de tracteurs.

Le bon berger doit être sobre, actif et réfléchi. Il doit connaître les questions d'alimentation, de reproduction, de sélection, savoir surveiller la lutte, la gestation, la parturition et l'allaitement, soigner judicieusement les agneaux de la naissance au sevrage. Il doit user envers ses moutons de douceur et de patience, savoir pratiquer les opérations chirurgicales courantes : amputation de la queue, castration, saignée, taille des onglons.

Il doit connaître le traitement des maladies bénignes pour les dépister, les soins à donner pour le piétin, les boîteries, etc...

Il doit aussi être le véritable nourricier de son troupeau, lui éviter les fatigues de parcours inutiles, les longues stations au grand soleil, savoir choisir le pâturage suivant le temps et la saison. Il faut qu'il aime son troupeau et qu'il ait l'ambition de pouvoir montrer le meilleur de la région.

Ces nombreuses qualités ne peuvent s'acquérir par les jeunes gens qu'en faisant d'abord un stage avec un berger capable, dans une ferme bien dirigée ; et pour parfaire leur éducation professionnelle, ils iront à l'école des bergers de Rambouillet qui avait été supprimée, mais qu'heureusement le Ministère de l'Agriculture a réorganisée en 1923 avec des conditions avantageuses pour les élèves.

Cette pénurie de bergers a eu pour conséquence dans certaines de nos fermes le remplacement du troupeau de moutons d'élevage par un troupeau de rebut destiné uniquement à la production de la viande ou par un lot de génisses ou de bouvillons qui, tout en produisant également du fumier pourront être engraissés pour la boucherie sans nécessiter l'emploi d'un personnel spécialisé pour les soigner.

### 3° *Les maladies du mouton*

Les nombreuses maladies parasitaires et microbiennes du mouton ont également leur part d'influence dans le phénomène de la dépécoration.

Certes, le charbon bactéridien est en régression extrêmement importante dans notre région si on le compare au temps des célèbres expériences de Pasteur à Pouilly-le-Fort en mai-juin 1881. Grâce aux vaccinations pastoriennes, qui furent faites régulièrement durant de longues années, les « champs maudits » ont aujourd'hui à peu près disparu et la mortalité due à cette maladie est devenue infime. Les statistiques de la Direction des Services Vétérinaires de Seine-et-Marne ne mentionnent plus depuis la guerre que des cas très rares de charbon ; pour tout le département, les chiffres sont les suivants :

| | |
|---|---|
| 1919 .............. | 3 cas |
| 1920 .............. | 3 cas |
| 1921 .............. | 3 cas |
| 1922 .............. | 1 cas |
| 1923 .............. | 3 cas |
| 1924 .............. | 2 cas |
| 1925 .............. | 2 cas |
| 1926 .............. | 4 cas |
| 1927 .............. | 1 cas |
| 1928 (1er semestre).. | 2 cas |

Mais d'autre part, les affections d'origine parasitaire, si graves lorsque les conditions climatériques favorisent la contamination des troupeaux, ont sévi dans la Brie avec intensité durant ces dernières années particulièrement humides.

Les strongyloses gastro-intestinales et bronco-pulmonaires, la distomatose, les toxémies parasitaires des agneaux, la coccidiose aiguë et la paraplégie enzootique (giardose) en particulier, ont fait dans nos troupeaux des ravages considérables, entraînant la disparition complète de quelques-uns d'entre eux qui ne furent pas remplacés.

### 4° *Les viandes congelées*

La consommation de viandes congelées étrangères et coloniales est venue concurrencer celle des viandes provenant de moutons indigènes sur le marché français. Depuis trente ans environ, cette influence s'était exercée tout d'abord sur le marché anglais, qui bien avant le nôtre recevait une forte proportion de viande de mouton congelée. On pouvait, avant la guerre, estimer cette proportion à 30 o/o de la consommation de la Grande-Bretagne qui, en 1914, n'en avait pas importé moins de 252.500 tonnes.

Quoique plus tardive, la consommation de viande de mouton congelée en France a pris aujourd'hui une place qu'il ne faut pas négliger, surtout depuis la guerre ; l'on a vu s'ouvrir dans tous les centres principaux de la Brie des boucheries de viandes congelées et sur les marchés de moindre importance l'inspection sanitaire nous révèle maintenant une vente fort suivie de ces mêmes viandes provenant de Paris.

La viande fraîche du mouton indigène tend à devenir un article de premier choix dont, certes, les hauts prix sont favorables à l'élevage briard, mais que beaucoup de consommateurs ont dû abandonner malgré sa qualité exceptionnelle, en raison des prix relativement modiques auxquels sont vendues les viandes congelées. A la concurrence des viandes congelées, il faut ajouter celle des moutons algériens qui, au début de leur introduction, n'étaient pas appréciés du consommateur, mais qui, améliorés aujourd'hui, ont pris une place non négligeable dans nos abattoirs.

Cette influence des viandes congelées et des importations des moutons algériens a d'ailleurs été contrebalancée en partie par la plus grande consommation générale de viande depuis la guerre.

### 5° *La crise lainière*

L'avilissement du prix des laines fines sur le marché français est, à coup sûr, un des facteurs les plus importants de la dépécoration qui s'est confondu avec l'encombrement de nos marchés par les laines analogues produites par l'Australie et l'Amérique du Sud.

Jusqu'en 1860, les prix de la laine étaient rémunérateurs pour nos éleveurs, car les laines françaises étaient protégées par un droit d'entrée. Nos cultivateurs s'étaient orientés exclusivement vers la production de la laine et longtemps le mérinos prédomina dans toutes les fermes de Seine-et-Marne ; c'était le beau temps, puisque cet animal remplissait alors simultanément et à la satisfaction générale deux fonctions économiques, production de la laine et production de la viande, également rémunératrices ; la plupart de nos cultivateurs, les Garnot, les Delamarre, les Jovart, etc..., s'ingéniaient et réussissaient à faire produire au même individu un haut rendement de laine et de viande, car on vendait bien la viande et la laine était recherchée. Le consommateur, moins difficile qu'aujourd'hui, s'accommodait parfaitement d'un gigot ou d'une côtelette de mérinos, malgré le goût de suint que cette viande avait parfois. Quant à la laine mérinos, elle était alors considérée à juste titre comme la plus parfaite sous le rapport de la quantité et de la qualité ; ses prix étaient fort avantageux puisque l'on comptait que la laine payait le fermage. L'industrie textile prit alors en France un prodigieux essor et bientôt les troupeaux indigènes ne produisirent plus le quart de la laine qui lui était nécessaire, ce qui amena la suppression des droits de douane et l'invasion du marché français par les laines d'outre-mer. Longtemps on crut que nos laines mérinos, à cause de leur longueur de mèche et de leur résistance, seraient, malgré tout, recherchées et conserveraient des prix rémunérateurs.

Mais l'invasion sans cesse croissante des laines étrangères finit par leur porter un coup fatal, en entraînant l'avilissement général des prix, aussi bien pour les laines fines que pour les laines grossières, jetant ainsi le désarroi dans la culture briarde.

La mode et le grand sens pratique des Anglais modifièrent du tout au tout la fabrication du drap. Les fins draps d'Elbeuf cessèrent de plaire à la clientèle toujours capricieuse et furent supplantés par les gros draps anglais ; la laine fine ne fut plus alors appelée à jouer qu'un rôle accessoire malgré sa qualité. Les industriels, arguant des laines américaines et australiennes, parlèrent d'encombrement sur les marchés, en profitant pour offrir à nos cultivateurs des prix dérisoires, que ceux-ci durent accepter. Beaucoup d'entre eux, découragés, abandonnèrent complètement l'élevage du mérinos; quelques-uns, plus énergiques, voulurent réagir en élevant le poids des toisons, mais ils constatèrent rapidement que c'était là un palliatif impuissant à réparer les pertes sévères résultant d'une trop grande baisse des prix. Sanson préconisa alors son mérinos précoce ; mais il était voué par avance à un irrémédiable échec. Yvart essaya de concilier la production de la laine et celle de la viande en croisant la brebis mérinos de Rambouillet avec le bélier Dishley. Les Dishley-mérinos furent un moment en vogue, mais ils partagèrent bientôt le sort du mérinos lui-même par suite d'un autre facteur qui a joué un rôle considérable dans la diminution du nombre de ces gros moutons, dans notre région et dont nous allons maintenant parler.

C'est l'éloignement de plus en plus marqué qu'éprouvèrent le boucher et le consommateur pour les viandes fournies par les moutons mérinos et leurs dérivés. Les goûts s'étaient affinés et la boucherie parisienne, — le plus grand débouché des troupeaux de notre département, — rencontrait d'énormes difficultés pour vendre les gros gigots provenant d'un mérinos de la Brie ou d'un métis mérinos. On reprochait avec raison à cette viande son manque de délicatesse et de sapidité ; les gros moutons de 70, 75 kilos ne trouvaient plus facilement preneurs, car il n'y avait plus que les grands établissements, lycées, collèges, pensions, administrations, restaurants, qui constituaient une clientèle restée fidèle à ces gros animaux. Partout ailleurs on ne voulait acheter que des petits gigots, des épaules et des côtelettes provenant de moutons de 30, 40 ou 50 kilos, le tout pas trop gras, le reste se vendant comme basse boucherie à des prix inférieurs. Les métis mérinos tels qu'ils existaient alors en Seine-et-Marne, manquant de précocité, avec leur squelette trop volumineux et leur chair mal répartie, ne répondaient plus à ces désiderata, et ne supportaient pas la comparaison avec les berrichons, les solognots, les métis berrichons-southdown, les southdown et les charmoise eux-mêmes. Le délaissement du mérinos et du dishley-mérinos a été la conséquence fatale de cette évolution qui s'est accomplie lentement mais sûrement pour satisfaire au goût du public. Le consommateur a fini par établir la différence qui existe entre la valeur du suif et celle de la viande proprement dite et s'est refusé à acheter au même prix que la viande, des côtelettes et des gigots dans lesquels le suif entrait pour une proportion de 50 %.

De son côté, le cultivateur briard qui élevait du métis mérinos, voyant le débouché du marché parisien de la viande se fermer devant lui, et constatant d'autre part que les prix de la laine ne couvraient plus guère que le salaire du berger, renonça à cet élevage. Ces raisons sont plus que suffisantes pour expliquer l'abandon à peu près complet d'un animal qui fit la richesse de notre élevage briard avant la crise lainière.

## ACTION EXERCÉE PAR LES RÉQUISITIONS DES LAINES PAR L'INTENDANCE PENDANT LA GUERRE

La guerre ne fit qu'accentuer cette crise lainière et c'est ici que se place la responsabilité de l'Intendance dans la dépécoration, car, lors des réquisitions des laines dans notre région, celles-ci furent payées à des prix inférieurs aux prix de revient des laines de la Plata à la même époque (1916). L'insuffisance des prix de l'Intendance donna d'ailleurs lieu en 1918 à une action judiciaire intentée par plusieurs cultivateurs de Seine-et-Marne au Sous-Intendant Militaire de la Place de Melun.

MM. le Professeur Dechambre, de l'Ecole Nationale Vétérinaire d'Alfort, Membre de l'Académie d'Agriculture, Voitellier, Maître de Conférences à l'Institut Agronomique et Driat, ancien cultivateur, furent nommés experts par jugement du Tribunal de première instance de l'arrondissement de Melun.

Et c'est au rapport d'expertise de M. le Professeur Dechambre que nous emprunterons toutes les données qui éclairent magistralement cette question si importante au sujet de laquelle M. Alfred Massé, ancien Ministre du Commerce et Membre de l'Académie d'Agriculture, chargé de mission, s'exprimait ainsi dans son rapport à M. Fernand David, Ministre de l'Agriculture, sur l'état du troupeau français après trois ans de guerre :

« ..... Enfin, et c'est là un point qui, peut-être, n'a pas été suffisamment mis en lumière, mais sur lequel je crois devoir appeler votre attention et celle du Gouvernement, car au cours des tournées faites pour accomplir la mission que vous m'avez confiée, j'ai entendu à maintes reprises formuler des réclamations, *les prix auxquels les lai-*

*nes sont réquisitionnées par l'Intendance sont beaucoup trop bas pour être rémunérateurs.* Ils sont, en effet, de 2 fr. 25, alors que les agriculteurs sont unanimes pour demander *le cours de 3 francs et même de 3 fr.* 50, qui, en raison de ce que les quantités vont en diminuant, par suite de la décroissance du troupeau, *n'a rien d'exagéré.* »

M. Massé ajoute : « Je suis persuadé *que si les prix payés par l'Intendance pour la laine étaient relevés*, les agriculteurs trouveraient de ce fait un encouragement à conserver leurs brebis et qu'indirectement, *on parviendrait à enrayer la diminution du troupeau dans une mesure beaucoup plus large qu'on ne pense.* »

L'influence des bas prix payés par l'Intendance sur la diminution du troupeau ovin de la France est mise en évidence par l'examen des statistiques officielles de 1913 à 1918, que nous avons précédemment relevées.

En effet, le troupeau ovin, qui s'élevait en France, au 31 décembre 1913, à 16.131.340 têtes, ne comprenait plus, en 1917, que 10.586.594 têtes. La diminution est extrêmement importante et rapide puisqu'elle porte sur plus de 5 millions de têtes. Les conséquences en sont des plus graves, tant au point de vue de l'approvisionnement en viande que pour la production de la laine et aussi pour l'obtention des fumiers nécessaires à la culture intensive des céréales. Or, lorsqu'on fait une enquête auprès des éleveurs pour connaître les causes de la diminution des troupeaux, on apprend qu'immédiatement après la pénurie des bergers, ils placent les bas prix payés pour la laine par les services de l'Intendance. Tous sont unanimes sur ce point. La vente des produits de quelque nature qu'ils soient, doit suivre une marche sensiblement égale à celle des frais de production. La viande de mouton avait suivi cette progression nécessaire ; il en fut de même pour le lait de brebis et le fromage de Roquefort. Seule, la laine réquisitionnée par l'Intendance n'avait pas suivi la même ascension.

L'augmentation n'en avait été que de 8,50 % à 16 % au maximum, alors que celle du lait de brebis, par exemple, atteignait 109 % (de 33 francs l'hectolitre à 69 francs).

Aussi les troupeaux où la laine était un produit important subirent un tel abaissement de leur rentabilité que l'éleveur préféra les supprimer. Un des troupeaux litigieux, de race mérinos pure, celui de M. Brandin, sélectionné pour la laine fine depuis de longues années, fut dispersé en 1917, la laine ne payant plus ses frais. Les statistiques montrent bien que l'abaissement du troupeau fut très marqué après 1916, dont la campagne lainière suscita tant de réclamations. Il n'est pas non plus indifférent de remarquer que si les prix de 1917 attestèrent un relèvement sur ceux de l'année précédente, de l'avis de tous les éleveurs ce relèvement fut encore insuffisant. Aussi, de 1914 à 1918, le troupeau ovin de Seine-et-Marne avait-il perdu plus du tiers de son effectif.

Il suffira d'ailleurs de donner quelques chiffres pour montrer que les prix des laines étrangères avaient subi des relèvements notablement supérieurs à ceux des laines françaises à la même époque.

*Angleterre.* — Suivant provenances et qualités, les prix subissent des variations que nous suivons dans la mercuriale de Canterbury.

| Races de mouton | Prix en Francs au kilogramme | | | |
|---|---|---|---|---|
| | 1914 | Janvier 1915 | Juin 1915 | 1916 |
| Kent.... | 2.53 à 2.77 | 3.46 | 4.02 à 4.16 | 4.40 à 4.62 |
| Agneaux. | 2.31 | 2.77 | 3 » | 3.23 |
| Métis.... | 3 » à 3.23 | » | 4.16 à 4.36 | 4.50 à 4.73 |
| Downs... | 3.23 à 3.45 | » | » | 4.85 à 5.13 |

Au début de 1918, toutes les associations d'éleveurs de moutons ont réclamé contre les prix payés par le War Office. Elles ont demandé qu'ils fussent portés à 75 % du prix d'avant-guerre et non à 50 % comme cela avait été accordé. Certains éleveurs ont fait remarquer que la même qualité de laine non lavée qui leur était payée 3 fr. 41 le kilo était payée 9 fr. 68 aux fermiers des Etats-Unis.

*Etats-Unis.* — Voici les prix moyens, en francs, au kilo, aux Etats-Unis :

| | | | |
|---|---|---|---|
| 1910...... | 1,98 | 1914...... | 2,08 |
| 1911...... | 1,75 | 1915...... | 2,61 |
| 1912...... | 2,09 | 1916...... | 3,18 |
| 1913...... | 1,77 | 1917...... | 6,08 |

*République Argentine.* — La constatation la plus frappante ressort de l'examen des prix atteints par les laines argentines. Si l'on considère que les prix ci-dessous ont été payés sur place et qu'il faut y ajouter le fret et autres dépenses, on se rendra compte de l'excessive différence qu'il y avait entre le prix payé pour les laines françaises et celui auquel ont atteint à leur arrivée en France les laines argentines :

| | Sept.-Octob. 1914 | Sept.-Octob. 1915 | Mars 1918 |
|---|---|---|---|
| Lincoln fine . | 5 » à 6.50 | 6 » à 9 » | 11 » à 15.50 |
| Lincoln grise. | 4 » à 5.50 | 5.50 à 8.50 | 10 » à 14 » |
| Rambouillet . | 3 » à 4.50 | 3.50 à 5.50 | 8.50 à 12.50 |

*France.* — Le tableau suivant donne les résultats de l'enquête faite en Seine-et-Marne par M. le professeur Dechambre auprès des propriétaires des troupeaux litigieux et de plusieurs autres éleveurs de troupeaux possédant des qualités lainières comparables.

BREBIS MÉRINOS
de la Bergerie nationale de Rambouillet.

BÉLIER DE LA CHARMOISE
Prix de Championnat à Paris
A M. le Comte d'ARAMON à Bernay la Guerche (Cher)

*Prix de la laine par kilogramme :*

| Années | Petit | Bachelier | Brandin | Rémond | Lefèvre | Fouinat | Sibille | Moyennes |
|---|---|---|---|---|---|---|---|---|
| 1910.. | 2.10 | 2.10 | 2.20 | 2.20 | 1.80 | 1.95 | » | 2.06 |
| 1911.. | 1.95 | 2.15 | 2.20 | 2.24 | 1.80 | 1.90 | » | 2.04 |
| 1912.. | 1.75 | 1.90 | 1.95 | 2 » | 1.75 | 1.80 | » | 1.86 |
| 1913.. | 2.05 | 2.06 | 2.15 | 2.20 | 2 05 | 2.10 | » | 2.105 |
| 1914.. | 2.15 | 2.35 | 2.45 | 2.40 | 2 15 | 2.15 | 2.10 | 2.25 |
| 1915.. | 2.30 | 2.30 | 2.425 | 2 30 | 2.25 | 2.05 | 2.10 | 2.282 |
| 1916.. | 2.30 | 2.40 | 2.50 | 2.50 | 2.50 | 2.20 | 2.30 | 2.386 |
| 1917.. | » | 2.70 | 2.75 | » | » | 2.70 | 2.60 | 2.65 |
| 1918.. | » | 4.10 | » | » | » | 4.10 | 3.50 | 3.90 |

Les différences que l'on constate entre les prix d'une même année correspondent aux écarts de la qualité de la laine fournie par ces divers troupeaux. Ces différences sont dues à des causes multiples dont les principales sont la race qui compose le troupeau et la plus ou moins grande proportion de laine d'agneau contenue dans chaque lot. La laine des troupeaux Fouinat et Petit, par exemple, est une laine de Dishley-mérinos et de Dishley-mérinos-berrichons, inférieure à celle des troupeaux Brandin et Rémond fournie par des mérinos.

Les métis Dishley-mérinos ont une toison plus longue, mais moins serrée, plus grosse que celle des mérinos qui est supérieure en finesse, en élasticité, en douceur. Le mérinos, par contre, possède une proportion de suint plus élevée, ce qui entraîne un déchet plus grand au lavage. Ce suint, produit de secrétion des glandes sébacées, riche en matières grasses et en matières salines, imprègne la toison ; la laine doit en être complètement débarrassée avant ses emplois industriels ; le suint a une valeur inférieure à celle de la laine. Le commerce tient compte de ces caractères différentiels des laines et des toisons pour établir un écart de prix qui reste en faveur des laines fines sans être toutefois aussi accentué que s'il n'était tenu compte que de la seule finesse des brins.

La laine d'agneau est de qualité inférieure à celle des moutons et brebis adultes. Elle est courte, grossière, frisée ; jusqu'à la première tonte, elle reste sèche, dure, cassante, jarreuse, de longueur inégale et de diamètre hétérogène. La proportion de laine d'agneau varie avec chaque troupeau ; elle varie également d'une année à l'autre pour un même troupeau, mais dans une mesure assez restreinte. Dans l'ensemble, les variations restent comparables et les écarts de prix enregistrés dans le tableau précédent les suivent assez exactement.

Il est intéressant de rechercher maintenant, par comparaison des cours des laines et de ceux des animaux pendant la même période, quelle était la valeur de l'animal même à cette époque.

Le prix de base d'un mouton, exception faite pour les béliers reproducteurs, est fonction de son prix de vente sur pieds pour la boucherie. Ce prix a subi, pendant la période considérée, des variations que M. le Professeur Dechambre a consignées lors de son enquête dans le tableau ci-dessous :

*Variations du prix de vente à la boucherie des animaux sur pieds.*

| Années | Petit Kilo | Bachelier Kilo | Rémond Kilo | Lefèvre Kilo | Brandin par tête | Moyenne des kilos |
|---|---|---|---|---|---|---|
| 1910 | 0.90 | 0.95 | 1.04 | 1 » | 44.66 | 0.972 |
| 1911 | 0.95 | 1 » | 1.17 | 1 » | 42.90 | 1.03 |
| 1912 | 0.92 | 1 » | 1.20 | 1.15 | 53.58 | 1.07 |
| 1913 | 1.02 | 1 » | 1.12 | 1.30 | 63.57 | 1.11 |
| 1914 | 1.05 | 1.10 | 1.20 | 1.30 | 53.18 | 1.16 |
| 1915 | 1.05 | 1.05 | 1.15 | 1.20 | 44.23 | 1.112 |
| 1916 | 1.30 | 1 25 | 1.55 | 1.70 | 54.98 | 1.45 |

Le rapport entre le prix de la viande sur pieds et le prix de la laine est extrêmement variable non seulement d'un troupeau à l'autre, mais encore entre individus d'un même troupeau. Il oscille ordinairement autour de 17 o/o pour des animaux de race laineuse pesant en moyenne 50 kilogrammes.

Prenons par exemple deux troupeaux aussi différents par la toison que le sont ceux de M. Petit (Dishley-mérinos-berrichons) et de M. Brandin (mérinos). On obtient les résultats comparatifs suivants :

| | ANNÉES | | |
|---|---|---|---|
| | 1910 | 1915 | 1916 |
| Troupeau PETIT..... | 14.27 % | 14.1 % | 12.1 % |
| Troupeau BRANDIN .. | 18.3 % | 18.5 % | 18.56 % |

Mais il faut placer ici une remarque très importante. Si l'on se sert de ce rapport (17 o/o) pour en conclure que le compte laine doit être grevé seulement de 17 o/o des frais de production et que le reste des frais, soit 83 o/o incombe au compte viande, on commet une erreur scientifique et économique.

On sait, en effet, que la production d'un poids donné de laine est plus onéreuse que l'obtention du même poids de viande. Il y a longtemps que Bakewell, le célèbre améliorateur des moutons anglais de boucherie, estimait qu'il faut dépenser cinq fois plus pour produire une livre de laine que pour produire une livre de viande. Et Malingré, le grand éleveur français, créateur du mouton de la Charmoise, assurait que l'idéal pour un mouton de boucherie serait de ne point porter de toison, de manière que tous les aliments qu'il consomme soient appelés à se transformer en viande.

Les recherches physiologiques sur la nutrition du mouton comparée à celle d'autres espèces, le bœuf en particulier, font ressortir nettement le fait biologique que les praticiens ont observé. Les besoins d'un mouton en matière azotée sont, proportionnellement à son poids, plus élevés que ceux d'un bœuf parce que le mouton porte une toison qui croit régulièrement et dans la composition de laquelle il entre de la matière azotée.

En état de strict entretien, les besoins azotés

pour 1 kilogramme de poids vif sont de 0 gr. 70 pour le bœuf et de 1 gr. 30 pour le mouton. La différence est donc très grande puisqu'elle est environ du simple au double. Elle fait ressortir que la laine est un produit coûteux. Elle apprend que lorsqu'on veut établir les prix de revient d'après celui des denrées alimentaires, il faut faire supporter à la laine une part globale à peu près égale à celle de la viande.

Avec des troupeaux d'engraissement, on peut objecter qu'il importe peu que la laine laisse un déficit puisque la viande est vendue assez cher pour qu'il soit comblé. Mais dans le cas étudié il s'agit de troupeaux d'élevage dont l'effectif est constitué en majorité par des brebis. Or, ces femelles sont conservées pendant plusieurs années, généralement trois, pour la multiplication. Pendant tout ce temps l'animal reste un capital fixe dont la rente annuelle est représentée — outre l'agneau — par la toison et qui ne peut entrer en compensation avec le prix à la boucherie. Il faut également faire observer que, dans cette situation, la laine ne doit pas être considérée comme un abat, mais comme un produit normal de l'individu exploité. Dans le prix de revient, il faudrait encore considérer d'autres éléments variables parmi lesquels se place le fumier qui n'a pas à proprement parler de valeur commerciale et qui, cependant, entre en ligne de compte dans le profit du troupeau. D'après Muntz et Girard, un mouton de 40 kilos entretenu mi au pâturage, mi en bergerie donne par an 500 à 550 kilos de fumier ; à la bergerie toute l'année, il en donnerait environ 700 kilos.

La composition du fumier frais de mouton est la suivante :

| | |
|---|---|
| Eau | 65 à 67 o/o |
| Acide phosphorique | 0,21 |
| Potasse | 0,60 |
| Azote | 0,60 à 0,80 |

Le fumier de mouton est donc plus riche que le fumier de bœuf qui ne contient que 0,13 d'acide phosphorique, 0,35 de potasse et 0,34 d'azote.

Mais beaucoup d'azote passé dans la litière est perdu. Müntz et Girard estiment cette perte, c'est-à-dire la différence entre l'azote ingéré d'une part et l'azote récupéré dans la viande et le fumier d'autre part, à 50 o/o au moins, alors que pour le bœuf, cette perte n'est plus que de 34 o/o.

Le fumier de mouton valait avant la guerre 8 à 10 francs les mille kilos.

Il faut encore, pour la détermination du prix de revient de la laine dans cette même période 1910-1916, étudier les éléments de base qui participent soit à la production ovine prise dans son ensemble (nourriture, salaires des bergers) soit particulièrement à la production lainière (frais de tonte). Les circonstances économiques ont déterminé une augmentation de tous ces éléments qui a eu une répercussion sur le prix de revient de la laine en Seine-et-Marne.

Nous avons donné, dans les précédents tableaux, les variations du prix des laines et celles du prix de vente à la boucherie. Nous allons maintenant reproduire les variations du prix des denrées alimentaires, des salaires des bergers et des frais de tonte, ce qui permettra de calculer un pourcentage d'augmentation pour chaque catégorie de frais. De tous ces éléments résultera une comparaison précise entre le prix de revient de la laine et le coût des principaux facteurs de l'exploitation. Encore convient-il de faire remarquer qu'il n'a pas été fait état des autres causes d'augmentation qui sont liées à celle des frais généraux de la ferme tout entière.

## I. — *Frais de nourriture*

Nous transcrivons ci-dessous un tableau des variations des prix des denrées consommées :

| | | | | Augmentation |
|---|---|---|---|---|
| | 1910-1913 | 1914-1915 | 1916 | |
| Betteraves (tonne).... | **20** fr. | **25** fr. | **30** fr. | 50 % |
| | 1910-1914 | 1915-1916 | | |
| Pulpes (tonne)....... | **6** fr. | **8** fr. | | 33 % |
| | 1910-1914 | 1915 | 1916 | |
| Luzerne (100 kilos)... | **7** fr. **20** | **9** fr. | **10** fr. | 38,8 % |
| | 1910 | 1915 | 1916 | |
| Paille de blé......... | **5** fr. | **4** fr. **50** | **7** fr. | 55 % |
| | 1910 | 1915 | 1916 | |
| Paille d'avoine....... | **4** fr. | **3** fr. **50** | **5** fr. | 43 % |

| | 1910-1914 | 1915 | 1916 | |
|---|---|---|---|---|
| Avoine | **20** fr. | **30** fr. | **30** fr. | 50 % |
| | 1910-1914 | 1915 | 1916 | |
| Orge | **20** fr. | **22** fr. | **40** fr. | 100 % |
| | 1910-1914 | 1915 | 1916 | |
| Tourteau d'arachides | **15** fr. | **22** fr. | **30** fr. | 100 % |

En partant des prix ci-dessus, on peut calculer le prix de revient de la ration d'un mouton en 1910, en 1915 et en 1916. Plusieurs types de rations peuvent être pris comme termes de comparaison, les unes renfermant seulement des pulpes, de la paille, du fourrage sec, aliments habituellement produits dans l'exploitation même, les autres du fourrage, des betteraves, des grains et des tourteaux achetés à l'extérieur.

Voici quelques modèles de rations avec leurs prix de revient en 1910, 1915, 1916, et, par comparaison, en 1927 et 1928.

| Rations | Prix de revient | | | | |
|---|---|---|---|---|---|
| | **1910** | **1915** | **1916** | **1927** | **1928** |
| Foin : 1 kilo<br>Betteraves : 5 kilos<br>Avoine : 0 k. 250 | 0 fr. 2275 | 0 fr. 275 | 0 fr. 325 | 1 fr. 809 | 1 fr. 762 |
| Pulpes : 7 kilos<br>Fourrages : 0 k. 500<br>Paille : 1 k. 500<br>Avoine : 0 k. 250 | 0 fr. 2045 | 0 fr. 2435 | 0 fr. 286 | 0 fr. 887 | 0 fr. 886 |
| Pulpes : 2 kilos<br>Foin ; 1 kilo<br>Tourteau : 0 k, 500<br>Orge : 0 k. 300 | 0 fr. 219 | 0 fr. 286 | 0 fr. 386 | 1 fr. 693 | 1 fr. 570 |

Ces rations données simplement à titre d'exemples sont des rations usuelles, et il est indispensable, pour déterminer l'augmentation moyenne du prix de revient de la nourriture, d'opérer sur un nombre aussi important que possible de rations variées. La comparaison entre le prix de ces rations de compositions différentes en 1910 et en 1915 accuse une augmentation moyenne de 20,05 o/o. L'augmentation est moins forte avec les rations qui contiennent beaucoup de paille qu'avec celles qui renferment du fourrage, de l'orge, du tourteau. Mais la moyenne a d'autant plus de valeur que les éléments ayant servi à l'établir sont plus nombreux et plus dissemblables.

La comparaison entre 1910 et 1916 révèle une augmentation moyenne de 41,7 o/o, soit en chiffres ronds double de celle constatée en 1915.

Les laines récoltées en 1916 doivent participer à ces deux augmentations, puisque leur production s'étend en partie sur 1915, et en partie sur 1916. On peut compter que la période de pousse de la laine va de mars 1915 à mars 1916. D'autre part, les prix donnés plus haut sont ceux de l'année agricole se terminant en juillet. Il en résulte que l'augmentation des frais de nourriture afférents à la production de ces laines doit être calculée pour 5/12 (mars, avril, mai, juin, juillet) sur le taux de 1915 et pour 7/12 (août, septembre, octobre, novembre, décembre, janvier, février) sur le taux de 1916.

On obtient ainsi le chiffre de 32,65 o/o comme représentant le taux de l'augmentation des frais de nourriture d'un troupeau en Seine-et-Marne de 1910 à 1915-1916.

## II. — *Salaires des bergers*

Les salaires des bergers ont subi une augmentation de même ordre que celle des frais de nourriture du troupeau. Dans certaines fermes, les bergers, outre leur salaire, bénéficient du logement ; dans d'autres, cet avantage est remplacé par des allocations en nature ; il faut aussi tenir compte des primes distribuées aux bergers, particulièrement au moment de l'agnelage. La rétribution en argent varie d'une ferme à l'autre avec l'importance du troupeau. La moyenne des chiffres recueillis figure dans le tableau suivant :

*Salaire moyen par mois.*

| | | | |
|---|---|---|---|
| 1910 . . . . . | 141 francs | 1911 . . . . . | 145 francs |
| 1912 . . . . . | 154 — | 1913 . . . . . | 159 — |
| 1914 . . . . . | 162 — | 1915 . . . . . | 192 — |
| 1916 . . . . . | 206 — | | |

On calcule, sur ces bases, que l'augmentation correspondant à la période 1915-1916 par rapport à 1910 est de 42,1 %.

### III. — *Frais de tonte*

Les moyennes des chiffres recueillis sont les suivantes :

| | | | | | |
|---|---|---|---|---|---|
| 1910. . . | 0,375 | par tête | 1911 . . . | 0,3875 | par tête |
| 1912. . . | 0,3875 | — | 1913 . . . | 0,39 | — |
| 1914. . . | 0,425 | — | 1915 . . . | 0,575 | — |
| 1916. . . | 0,6375 | — | | | |

Le calcul de l'augmentation établi avec le chiffre de 1916 donne par rapport à celui de 1910 un taux de 70 %.

### *Récapitulation.*

| | |
|---|---|
| A. Augmentation des frais de nourriture. . . . . | 32,65 % |
| — salaires . . . . . . . . . . | 42,1 % |
| — frais de tonte. . . . . . . | 70 % |

B. Augmentation du prix de vente à la boucherie :

| | | | |
|---|---|---|---|
| 1910-1915 | Agneaux . . . . . | 12,4 | 13 % |
| | Brebis . . . . . . | 13,5 | |
| 1910-1916 | Agneaux . . . . . | 54,66 | 48,75 % |
| | Brebis . . . . . . | 43,24 | |

C. Augmentation du prix de la laine :

| | |
|---|---|
| 1910-1914-1915 . . . . . . | 10,63 % |
| 1910-1915 . . . . . . . . | 10,70 % |
| 1910-1914-1916 . . . . . . | 15,65 % |
| 1910-1916 . . . . . . . . | 15,82 % |

Il ressort des chiffres précédents que l'augmentation du prix de la laine n'a pas suivi celle des frais d'entretien et d'exploitation ni celle de la viande de boucherie. Pour la période étudiée, elle atteint à peu près la moitié de celle des frais de nourriture, auxquels les autres (salaires et tonte) sont nettement supérieurs. Elle correspond tout juste au tiers du relèvement dont a bénéficié la viande. Aux prix offerts par l'Intendance, la laine ne reçoit qu'un relèvement de 15,70 o/o environ. Elle est donc manifestement en déficit, lorsque l'on met en face d'elle l'augmentation de la tonte (70 o/o), celle des salaires des bergers (42,1 o/o) et surtout celles de la nourriture (32,65 o/o) et de la vente à la boucherie (48,75 o/o).

Pour être d'une vente normale, elle doit bénéficier d'un relèvement qui la mette à égalité avec la viande, soit, par conséquent, un écart à combler de :

48,75 — 15,70 = 33,05 o/o.

En calculant sur cette base le prix réel de la laine réquisitionnée, c'est-à-dire en ajoutant au prix offert par l'Intendance les 33,05 o/o de ce prix, on obtient : 3 fr. 06 pour le prix réel du kilogramme d'une laine réquisitionnée à 2 fr. 30. Le prix ainsi calculé en prenant comme point de départ la hausse de la viande comporte pour la laine comme pour la viande même une certaine marge de bénéfice mesurée par la différence entre l'augmentation de la viande et celle des frais généraux d'exploitation du troupeau.

Or, le prix de toute chose réquisitionnée est déterminé seulement par la valeur intrinsèque de cette chose. Aussi, pour tenir compte de cette objection, il faut calculer le prix de la laine de manière que ce prix compense les frais de production indépendamment de tout profit, par conséquent sur une base différente de celle qui vient d'être prise comme premier type de détermination.

Le relèvement des frais de nourriture étant de 32,65 o/o, celui des salaires de 42,1 o/o et celui de la tonte de 70 o/o, on peut dire — et cela sans tenir compte de l'augmentation des frais généraux de toute l'exploitation dont une quote-part doit incomber au troupeau — que les frais généraux d'un troupeau ovin ont augmenté d'un taux qui ne peut pas être inférieur à 35 o/o et qui se place entre 35 et 40 o/o.

Si l'on estime que, dans l'ensemble des éléments variés qui la composent, cette augmentation des frais d'exploitation d'un troupeau en Seine-et-Marne est de 38 o/o à cette époque par rapport à 1910, et si l'on considère d'autre part que les prix offerts par l'Intendance ne réalisent qu'un relèvement de 15,70 o/o, on voit donc qu'il reste à combler, pour atteindre le prix de la chose réquisitionnée, un écart de :

$$38 - 15{,}70 = 22{,}3 \text{ o/o}$$

Le prix moyen de la laine réquisitionnée en 1916 ayant été de 2 fr. 386 aurait dû par conséquent être de 2 fr. 918.

L'insuffisance des prix de la laine réquisitionnée par l'Intendance pendant la guerre en Seine-et-Marne eut pour conséquence immédiate d'accentuer la diminution formidable du troupeau ovin qui, de 350.551 têtes en 1914, était tombé à 219.480 en 1919.

---

## CHAPITRE III

### Période actuelle.

---

Heureusement, la période actuelle montre un relèvement sensible, puisque la statistique de 1928 accuse 277.707 moutons dans notre département.

A titre documentaire, voici un tableau détaillé des existences ovines dans notre département de 1894 à 1927, et dont les chiffres nous ont été communiqués par la Direction des Services Agricoles de Seine-et-Marne :

**Espèce ovine en Seine-et-Marne**

*Existences de 1894 à 1927*

| Années | Béliers (de plus de deux ans) | Moutons (de plus de deux ans) | Brebis (de plus de deux ans) | Agneaux et agnelles de 1 à 2 ans | Agneaux et agnelles de moins d'un an | TOTAL |
|---|---|---|---|---|---|---|
| 1894 | 3.075 | 97.620 | 153.390 | 68.465 | 84.235 | 406.785 |
| 1895 | 1.655 | 93.750 | 166.580 | 69.135 | 86.460 | 417.580 |
| 1896 | 1.840 | 93.920 | 161.945 | 71.600 | 89.655 | 418.960 |
| 1897 | 1.710 | 94.555 | 164.550 | 74.460 | 87.710 | 422.985 |
| 1898 | 1.855 | 92.170 | 172.970 | 80.775 | 92.765 | 440.535 |
| 1899 | 2.770 | 96.410 | 171.140 | 82.130 | 81.520 | 433.970 |
| 1900 | 1.920 | 79.570 | 170.635 | 73.500 | 78.145 | 403.770 |
| 1901 | 1.825 | 78.300 | 178.440 | 77.375 | 81.895 | 417.835 |
| 1902 | 1.709 | 56.110 | 185.209 | 85.857 | 89.928 | 418.813 |

| Années | Béliers | Brebis | Moutons | Agneaux et agnelles de moins d'un an | TOTAL |
|---|---|---|---|---|---|
| | de plus d'un an | | | | |
| 1904 | 2.587 | 228.761 | 86.466 | 121.319 | 439.133 |
| 1905 | 2.326 | 241.225 | 86.423 | 131.791 | 461.765 |
| 1906 | 2.239 | 248.007 | 82.056 | 138.592 | 470.894 |
| 1907 | 2.143 | 249.706 | 81.884 | 134.839 | 468.572 |
| 1908 | 2.660 | 252.950 | 76.900 | 134.630 | 467.140 |
| 1909 | 2.710 | 251.550 | 85.850 | 136.540 | 476.550 |
| 1910 | 3.350 | 254.730 | 73.420 | 123.000 | 454.500 |
| 1911 | 2.720 | 242.350 | 66.180 | 123.790 | 435.040 |
| 1912 | 2.100 | 242.730 | 65.360 | 124.780 | 434.970 |
| 1914 | 1.578 | 208.065 | 43.045 | 97.863 | 350.551 |
| 1915 | 1.461 | 194 100 | 35.723 | 84.467 | 315.751 |
| 1916 | 1.550 | 181.570 | 29.480 | 86.250 | 298.850 |
| 1917 | 1.190 | 161.710 | 25.470 | 71.630 | 260.000 |
| 1918 | 1.180 | 141.040 | 23.280 | 63.500 | 229.000 |
| 1919 | 1.070 | 136.100 | 20.730 | 61.580 | 219.480 |
| 1920 | 1.640 | 139.460 | 23.240 | 64.110 | 228.450 |
| 1921 | 1.690 | 144.800 | 24.310 | 65.830 | 236.630 |
| 1922 | 1.630 | 156.810 | 26.890 | 71.410 | 256.740 |
| 1923 | 1 200 | 153.570 | 28.940 | 72.370 | 256.080 |
| 1924 | 1.581 | 158.334 | 32.254 | 74.703 | 266.872 |
| 1925 | 2.210 | 161.520 | 31.110 | 75.330 | 270.170 |
| 1926 | 1.970 | 166.000 | 29.230 | 80.680 | 277.880 |
| 1927 | 1.882 | 166.951 | 33.350 | 75.524 | 277.707 |

Cette augmentation s'est produite en dépit de la persistance de la plupart des conditions défavorables ; l'extension de la culture de la betterave et l'emploi des engrais chimiques et des gadoues ne font que s'accentuer ; la pénurie des bergers est de plus en plus marquée dans notre département, qui est bien loin de compter aujourd'hui les 1178 bergers recensés en 1892 !

Les maladies parasitaires ont été fort nombreuses et meurtrières pour nos troupeaux en ces dernières années particulièrement humides. Enfin, la concurrence bovine s'est manifestée dans plusieurs fermes qui n'élevaient autrefois que des moutons, ce qui est conforme à l'idée générale qui veut que le bovin concurrence généralement le mouton et s'installe après lui à mesure que la culture progresse.

Mais, durant cette même période, les prix de la laine comme ceux de la viande ont subi une hausse qui les a rendus plus rémunérateurs ; et c'est à ce phénomène qu'il faut attribuer l'augmentation de l'effectif ovin de notre département depuis la fin de la guerre. Il semble bien que les hauts prix de la laine et de la viande doivent continuer désormais à favoriser l'élevage ovin ; la viande n'a aucune tendance à la baisse ; quant à la laine, les prix actuels des enchères de la Bourse de Commerce de Paris sont avantageux ; aux enchères du 1er juin 1928, la Halle aux laines de Paris a vu faire le prix de 31 fr. le kilo pour des laines lavées de France et à cette même date on a constaté, pour les laines en suint de Seine-et-Marne, les prix de 16 fr. 10 à 17 fr. 50 au kilo.

L'avenir de l'élevage ovin dans notre département est donc désormais lié à la production d'un mouton donnant à la fois une viande conforme au goût du consommateur parisien et une laine abondante et suffisamment fine pour qu'elle obtienne des prix rémunérateurs.

Le dishley-mérinos amélioré, dit encore race de Grignon ou de l'Ile-de-France, répond parfaitement à ces desiderata ; et c'est, en effet, lui qui prédomine actuellement dans nos troupeaux briards avec quelques mélanges de berrichons et de southdown.

*La race ovine de l'Ile-de-France*

Au mois de février 1923 fut fondé à Paris, sous les auspices d'un groupe d'éleveurs, un Syndicat d'élevage, qui prit le nom de Syndicat des Eleveurs de la race ovine de l'Ile-de-France. La race de l'Ile-de-France était, auparavant, connue sous le nom de Dishley-Mérinos. Mais les éleveurs de ce mouton, en même temps qu'ils constituaient leur Syndicat, jugèrent opportun de donner à leur race un nom nouveau et tel qu'il ne laissât place à aucune équivoque.

L'appellation de Dishley-Mérinos est, en effet, évocatrice de croisement, ce qui présentait un double inconvénient. D'une part, le croisement est si ancien que les animaux ne sont plus à proprement parler des métis, puisqu'ils se reproduisent avec toute la fixité désirable et selon un type bien déterminé. D'autre part, et comme conséquence, l'amélioration des troupeaux est, de longue date, uniquement poursuivie par sélection généalogique. Il était donc judicieux de renoncer à un terme qui n'a plus qu'une valeur historique et qui, de nos jours, avait le grave défaut de laisser le champ libre aux suppositions les plus erronées.

Le nom d'Ile-de-France fut tout naturellement choisi, puisqu'il est de coutume, en matière d'élevage, de se reporter au nom de la province que l'on peut considérer comme le berceau de la race. Or, les foyers d'élevage de la Brie, de l'Oise, de l'Aube, de l'Eure-et-Loir, de l'Eure et du Vexin sont compris dans un cercle entourant Paris : c'est l'Ile-de-France.

Ces mêmes éleveurs fondèrent un livre généalogique ou Flock-Book, actuellement inscrit au registre catalogue des livres généalogiques institué par le décret du Ministre de l'Agriculture du 24 mars 1924. Ils créèrent également un secrétariat technique dont la direction fut confiée à M. André M. Leroy, chef des travaux de zootechnie à l'Institut Agronomique, et un service commercial rendu nécessaire par le développement du Syndicat. Au point de vue commercial, la meilleure publicité pour la race de l'Ile-de-France consiste dans la participation très importante et très remarquable prise dans les concours par les adhérents du Syndicat. En dehors du concours général de Paris, il faut signaler surtout le concours spécial de la race, qui a lieu, chaque année, dans l'une des villes principales de l'aire d'extension : en 1923, Amiens ; en 1924, Provins ; en 1925, Chartres.

Une telle activité ne saurait être dépensée par un organisme syndical qu'avec la certitude qu'elle doit aboutir au succès.

La qualité du mouton de l'Ile-de-France, sans

laquelle tous les efforts accomplis seraient vains, justifie toutes ces tentatives. L'animal de race pure est lourd, précoce, de formes parfaites, recouvert d'une toison abondante et fine. C'est le type accompli du mouton à double aptitude : viande et laine. Il s'acclimate partout où il peut disposer d'une ration alimentaire suffisamment riche.

Le mouton de l'Ile-de-France a un poids élevé, un rendement en viande nette excellent, et cette viande est de première qualité. Il est donc très rémunérateur quand il termine sa carrière. D'autre part, l'agneau de Pâques, en particulier, c'est-à-dire l'agneau engraissé l'hiver, grâce à un allaitement copieux, et sacrifié à l'âge de quatre mois environ, trouve un débouché de choix sur le marché parisien, où il est assuré de faire prime. L'aptitude à l'engraissement est, en effet, très grande chez cette race précoce, et dans le jeune âge, la graisse ne fait qu'augmenter la saveur de la chair.

Dans un autre ordre d'idées, il est intéressant de signaler que la laine du mouton de l'Ile-de-France atteint au Syndicat des Producteurs de laine de Reims, notamment, où elle se trouve en concurrence avec la laine mérinos, des cours inférieurs seulement de 15 o/o environ aux cours moyens de cette dernière.

Enfin, la race de l'Ile-de-France a encore un rôle considérable à jouer dans l'amélioration des troupeaux communs de beaucoup de régions, en fournissant des reproducteurs mâles de vieille origine, ayant un grand pouvoir de transmission héréditaire capable d'améliorer la descendance des troupeaux de races moins perfectionnées, par la pratique du croisement industriel. Malheureusement, la notion de cette opération si sûre et si simple qu'est le croisement industriel, est encore ignorée de beaucoup de cultivateurs. Du point de vue général de l'amélioration du cheptel français, il est permis de le regretter, et il est souhaitable que des efforts soient faits pour vulgariser cette méthode.

Quand le croisement industriel sera devenu plus fréquent, le bélier de l'Ile-de-France sera universellement apprécié. Nul mieux que lui n'est capable de donner à sa descendance des formes massives, « près de terre », et de lui transmettre ses qualités de précocité sans nuire en rien à la rusticité.

Des sujets de choix sont du reste allés bien loin déjà porter la renommée de la race de l'Ile-de-France : en Italie, en Afrique du Nord, en Colombie, au Chili, etc. On est fondé à dire que c'est là seulement un commencement. Mais, dès maintenant, les éleveurs de l'Ile-de-France, qui se sont imposé de très lourds sacrifices pour la constitution de leurs troupeaux, voient leurs efforts récompensés.

Voici, d'ailleurs, le standard officiel de la race ovine de l'Ile-de-France.

*Standard officiel de la race ovine de l'Ile-de-France*

Race lourde et précoce, apte à la production de la viande et de la laine.

Tête forte et large au niveau du crâne, sans cornes, orbites en saillie, face de longueur moyenne, lèvres et nez un peu épais, profil droit ou légèrement busqué chez le bélier, chanfrein arrondi transversalement.

Oreilles grandes, horizontales ou légèrement dressées, jamais tombantes, couvertes de poils fins et courts.

Nuque large.

Encolure courte, tronconique, arrondie à son bord supérieur, bien fondue avec les épaules, sans gorge, sans fanon, sans plis ni cravates.

Tronc ample et long.

Poitrine ouverte et descendue. Sternum proéminent et épais.

Côte ronde, dessus (dos et rein) droit et large.

Croupe horizontale et longue. Queue attachée haut.

Cuisses musclées. Gigot descendu et bien développé, tant dans sa partie interne que dans la région de la fesse.

Ventre légèrement arrondi, jamais tombant. Flanc court.

Membres courts avec aplombs réguliers, jamais long-jointés, les postérieurs avec un jarret fort, mais bien vertical, jamais fermé, ni la pointe renvoyée en haut, ni clos, ni trop ouvert.

Toison étendue, couvrant le haut de la tête, jusqu'à une ligne passant par les orbites ou légèrement au-dessus, garnissant les ganaches et le bord postérieur des joues, s'arrêtant au membre antérieur à quelques centimètres au-dessus du genou, revêtant la poitrine et le ventre, laissant ou non les testicules à découvert, descendant au membre postérieur jusqu'au jarret, en recouvrant les parties supérieures et latérales de celui-ci et le haut du tendon en arrière. L'aspect général est celui d'une toison assez courte (12 à 14 centimètres) en mèches régulières et fermées, tassées, élastiques sous la pression de la main, ne bouclant pas à l'extrémité, jamais humide au toucher, saine, souple, onctueuse, pourvue d'un suint abondant, de couleur jaunâtre.

Durant leur première année, les jeunes peuvent avoir une laine courte sur les joues, le chanfrein, les membres postérieurs, et, chez les jeunes béliers, sur la peau des bourses.

Robe blanche, tête et membres couverts de poils fins, de coloration blanc argenté, sans reflets ni taches roussâtres, brunâtres ou autres. Les taches noires, même de petite étendue, sur le corps et les membres, ne seront pas tolérées.

L'absence de toute tache de pigmentation noire, aux lèvres, au bout du nez, aux paupières et autres muqueuses (anus, vulve, périnée, cavité buccale) est désirable ; cependant la présence des dites taches n'est pas une cause de disqualification.

### *Causes de disqualification*

Présence de cornes.

Toison envahissant complètement la face ou le membre postérieur, *a fortiori* ces deux régions chez les adultes.

Toison laissant la tête complètement nue.

Toison ouverte, en mèches pointues, vrillées à l'extrémité, à brin gros, dur, sec et cassant.

Oreilles minces, petites et transparentes, entièrement dégarnies de poils.

### *A rechercher*

Chez le bélier, la nuque large, le dos étroit et épais, les membres écartés, surtout les postérieurs, et bien d'aplomb, les testicules réguliers et peu descendus, le sillon des bourses peu marqué, la tête bien portée, l'expression éveillée.

Chez la brebis, la face longue, les lèvres épaisses, les membres fins, surtout les antérieurs, la mamelle globuleuse et régulière, les hanches écartées, la croupe longue.

### *Modes d'exploitation du mouton pratiqués en Seine-et-Marne*

La spéculation ovine peut actuellement se réaliser sous des formes différentes suivant les ressources en personnel et en denrées alimentaires dont disposent nos fermes briardes.

I. — Les uns conservent des troupeaux d'élevage, où le mouton de l'Ile-de-France est toujours prédominant, soit que brebis et béliers soient de race pure, soit que les brebis proviennent de lots quelque peu hétérogènes, mais dans ce dernier cas les béliers sont toujours pris dans la race de l'Ile-de-France afin d'améliorer progressivement la valeur du troupeau. Tantôt ce bélier est acheté par le cultivateur qui n'hésite pas à faire un sacrifice pécuniaire pour posséder un reproducteur de choix : c'est ainsi qu'aux deux dernières ventes des béliers de Grignon, le bélier n° 1599 Dishley-Mérinos, pesant 84 kilos, a été acheté par M. Aubé Jean, à l'Ermitage, par Villeneuve-le-Comte (Seine-et-Marne), le 26 avril 1927, et le bélier n° 7 Dishley-Mérinos, pesant 83 kilos, a été acquis par M. Delaunoy, à Chailly-en-Bière (Seine-et-Marne), le 8 mai 1928. Tantôt ce bélier est simplement loué par le cultivateur, comme c'est le cas, par exemple, dans le troupeau de la ferme de Lugny, par Moissy-Cramayel, où M. Raymond Mercier loue des béliers de l'Ile-de-France provenant de Chartres.

Dans ces troupeaux d'élevage, les brebis sont conservées pendant quatre ans environ ; leur régime alimentaire comprend, à l'extérieur, des parcours dans les chaumes après la moisson, et dans les collets de betteraves après l'arrachage de celles-ci; à la bergerie, des rations composées d'aliments produits à la ferme : pailles, fourrages, betteraves, pulpes et grains, et parfois, en plus, des aliments achetés au dehors, des tourteaux parmi lesquels le tourteau de lin a la préférence.

Voici, pour ces brebis, des exemples de rations différentes de celles déjà indiquées précédemment :

*Printemps :*

| | Brebis portières. | Brebis nourrices. |
|---|---|---|
| Fourrages verts ..... | 3 k. 500 | 5 k. |
| Paille............. | 1 k. 500 | 1 k. 500 |
| Fourrage sec ........ | 1 k. 500 | 1 k. 500 |
| Grains.............. | » | 0 k. 100 |
| Tourteau de lin...... | » | 0 k. 100 |

*Hiver :*

| | |
|---|---|
| Luzerne ou sainfoin | o k. 500 |
| Betteraves | 3 k. |
| Menues pailles | o k. 300 |
| Son | o k. 100 |
| Pailles | o k. 500 |
| Tourteau | o k. 050 |

Cette dernière ration sera réduite quand les mères ne nourriront plus.

Ces brebis de l'Ile-de-France peuvent subir trois tontes en deux ans, et donner ainsi environ trois kilos de laine par tonte, alors que les berrichonnes ne donnent que 1 kilo 500 à 2 kilos. En raison du prix de la laine qui a atteint cette année jusqu'à 20 fr. le kilo, ce fait de pratiquer trois tontes en deux ans est très avantageux à l'heure actuelle et c'est un argument en faveur du mode choisi et de la race adoptée. Mais ce troupeau d'élevage nécessite un bon berger et une hygiène rigoureuse.

Les agneaux sont divisés en deux lots. Dans l'un, sont choisies les agnelles « de relève » destinées à remplacer les brebis mises au rebut. Dans l'autre, on a tous les agneaux destinés à la boucherie ; ces derniers sont vendus chaque année, un mois après la tonte, soit à l'âge de quatre mois, pesant 25 kilos (agneaux blancs), soit entre 9 et 12 mois, pesant 30 à 48 kilos (agneaux gris). Les agneaux blancs têtent leur mère depuis leur naissance jusqu'à leur départ pour l'abattoir ; mais dès qu'ils peuvent manger on met à leur disposition des aliments de choix dans une bergerie séparée, par des portes à rouleaux par exemple, de celle où sont les brebis. De quinze jours à un mois, ils pourront recevoir 25 grammes de son et 50 grammes de betteraves. Ensuite on pourra donner :

| | 2e mois. | 3e mois. | 4e mois. |
|---|---|---|---|
| Son | 0 k. 050 | 0 k. 100 | 0 k. 100 |
| Orge | 0 k. 050 | 0 k. 100 | 0 k. 100 |
| Betteraves | 0 k 300 | 0 k. 750 | 1 k. 800 |
| Luzerne | 0 k. 100 | 0 k. 200 | 0 k. 400 |
| Maïs | » | 0 k. 050 | 0 k. 100 |
| Avoine | » | » | 0 k. 050 |
| Tourteau de lin | » | » | 0 k. 050 |

Les agneaux gris doivent être l'objet de précautions particulières au moment du sevrage qui sera progressif, de façon à ne pas retarder leur développement. La durée de l'allaitement ne devra jamais être moindre de quatre mois et il convient de supprimer d'abord une têtée sur deux. L'alimentation est la même que celle des agneaux de lait. Après le sevrage, on peut donner à des agneaux Dishley-Mérinos de cinq mois :

| | |
|---|---|
| Betteraves et menues pailles | 3 k |
| Regain et luzerne | 0 k 800 |
| Grains concassés | 0 k 500 |

Cette ration sera augmentée progressivement jusqu'au moment de la vente ; la tonte quelques semaines avant le départ pour la boucherie, au moment où les animaux boudent parfois devant la nourriture, est un excellent stimulant de l'appétit.

La production de l'antenais gras, vendu à dix-huit mois, est beaucoup moins couramment pratiquée dans les troupeaux d'élevage de la région.

II. — D'autres cultivateurs préfèrent acheter en avril des agneaux à 150-160 fr. environ pour les revendre à la boucherie du 15 janvier au 15 mai suivants à 300-320 fr., avant que ces agneaux n'aient commencé à remplacer leurs dents de lait.

Ces agneaux, soumis à l'engraissement intensif, comme les agneaux gris de la première spéculation, subissent une première tonte dès leur arrivée et une seconde un mois environ avant leur départ pour le marché parisien. Leur viande est très recherchée par le boucher et se vend fort bien ; quant à la laine, elle est payée 1 franc de plus au kilo que celle des brebis, parce qu'elle contient moins de suint.

Elle vaut actuellement 18 à 19 fr. le kilo en moyenne. Ce mode d'exploitation — comme le suivant d'ailleurs — est plus particulièrement pratiqué dans les fermes où la pulpe de distillerie est trop acide pour pouvoir faire de l'élevage, et dans celles spécialisées dans la culture des céréales et la vente des pailles et fourrages, car on obtient ainsi une grosse masse d'excellent fumier, souvent le principal objet de l'entreprise pour ces exploitations.

III. — D'autres enfin achètent des brebis de rebut. Ces brebis font leurs agneaux, puis sont vendues en même temps que ceux-ci, au bout d'un an environ, après deux tontes pratiquées, l'une à l'arrivée et l'autre au printemps suivant. La même opération se renouvelle chaque année. Pour que ce mode d'engraissement soit fructueux, il est nécessaire que la ration de production soit composée d'aliments riches en éléments protéiques. Voici encore quelques exemples de rations d'engraissement :

1°. — Pulpes et menues pailles.. 5 k.
Fourrage ................ 0 k. 500
Avoine .................. 0 k. 500
Paille à discrétion.

2°. — Betteraves................ 6 kilos
Avoine concassée.......... 0 k. 250
Fourrage.................. 2 k. 500
Paille d'avoine............ 1 k. 300

Six semaines avant la vente cette dernière ration est augmentée ainsi :

Betteraves................ 8 kilos
Avoine concassée.......... 0 k. 500
Fourrage.................. 2 k. 500
Paille d'avoine............ 1 k. 300

Au lieu de brebis de rebut, certains achètent des antenais ou des moutons adultes de deux à trois ans, castrés, dans le but de les préparer à la boucherie le plus rapidement et le plus économiquement possible.

Mais il s'agit là surtout d'opérations commerciales dont le plus clair bénéfice — outre la production de fumier — dépend du prix d'achat des animaux maigres. Il faut savoir profiter des occasions et se souvenir que le maigre est bon marché quand les fourrages sont rares dans les pays vendeurs et inversement ; il faut aussi ne pas acheter des bêtes en trop mauvais état, qui, non seulement coûtent plus cher à engraisser, mais souvent succombent pour avoir été mises trop vite à un régime d'engraissement intensif, ou bien parce que leur mauvais état général était dû à des maladies parasitaires si fréquentes dans l'espèce ovine.

### *Orientation de l'élevage ovin*

En l'état actuel des prix de la viande et de la laine, chacune de ces spéculations, bien conduite, est rémunératrice, et rien ne laisse supposer qu'une nouvelle crise soit à redouter pour notre troupeau briard.

En effet, la consommation de la viande, malgré le léger fléchissement de 1928 accusé par les chiffres des abattoirs parisiens et départementaux, se maintiendra à un niveau sensiblement plus élevé qu'autrefois. De plus, nos importations de viandes frigorifiées sont actuellement réduites d'une façon considérable par suite des nouveaux droits d'entrée. Les introductions de bétail sur pied et de viande fraîche sont également tombées à des chiffres assez faibles pour toutes les catégories, sauf le porc.

Citons quelques chiffres en viandes sur pied et abattues. Dans les six premiers mois de 1928, il y a eu 480.000 quintaux importés pour 330 millions contre 385.000 quintaux exportés pour 220 millions, soit en chiffres ronds un excédent d'importations de 100.000 quintaux pour 100 millions de francs. Si cette proportion se maintient, ce qui est vraisemblable, il sera pour l'année entière de 200.000 quintaux, soit 1 o/o de notre consommation nationale contre près de 2 millions (10 o/o), moyenne annuelle de 1919 à 1927 inclus.

Du côté de la consommation lainière, une augmentation continue de la demande est à envisager. Durant les dernières années, cette augmentation a été freinée par l'appauvrissement de certaines classes sociales, et aussi par les tendances de la mode féminine. Avec la stabilisation, l'amélioration des conditions monétaires et économiques modifie dès à présent la situation ; la mode peut aussi changer. Toutes ces considérations sont à la base du sentiment de fermeté qui, aujourd'hui, domine le marché de la laine. On ne peut qu'être frappé de la facilité avec laquelle la production est, à l'heure actuelle, absorbée par la consommation, et les compte-rendus des enchères du marché lainier signalent, le plus souvent, le vif empressement des acheteurs, que traduit la fermeté et fréquemment la hausse des prix.

Voici à ce sujet les statistiques concernant la production de la laine dans le monde en 1926, publiées par le département du Commerce des Etats-Unis.

La production totale de la laine est estimée à 1.390.000 tonnes. Dans ce total interviennent :

| | | | |
|---|---|---|---|
| l'Australie et la Nouvelle-Zélande | pour | 450.000 | tonnes. |
| l'Europe (moins la Russie) ..... | — | 240.000 | — |
| l'Amérique du Sud.............. | — | 225.000 | — |
| l'Afrique du Nord ............ | — | 152.000 | — |
| l'Afrique du Sud ........ ... .. | — | 80.000 | — |

La production lainière française, en 1926, est estimée à 21.500 tonnes, en léger progrès sur 1925, qui n'avait fourni que 20.000 tonnes, alors que jusqu'en 1913, avant la notable diminution de notre troupeau ovin, la moyenne oscillait entre 38.000 et 39.000 tonnes.

La France et ses colonies totalisent un rendement de 63.800 tonnes correspondant seulement à un peu plus du cinquième (21,26 o/o) de sa consommation industrielle évaluée, en chiffres ronds, à 300.000 tonnes.

D'autre part, les essais d'élevage du mérinos dans nos colonies africaines (Haut-Sénégal, Soudan, Madagascar) poursuivis tant par les pouvoirs publics que sous l'initiative de la Chambre de Commerce de Roubaix-Tourcoing, ont été déterminés par la pénurie de laines fines dont souffrent nos manufactures.

Il faut donc que l'élevage du mouton soit intensifié partout et le plus possible. Sans doute ne remontera-t-il jamais au niveau d'autrefois ; mais on est, à cause de toutes ces raisons, en droit d'espérer que notre troupeau ovin briard continuera à tenir une large part dans notre cheptel, contribuant ainsi à augmenter la valeur du capital national que celui-ci représente, et que M. le Sénateur Beaumont, dans son rapport si documenté présenté au Luxembourg, estimait à plus de trente milliards, fournissant annuellement à la consommation en viande, lait, laine et sous-produits divers, une somme dépassant quinze milliards à la sortie de la production.

---

## CONCLUSIONS

En résumé, les conséquence logiques du relèvement des cours des laines et des hauts prix de la viande doivent être les suivantes pour le troupeau ovin de notre département :

1° Nos éleveurs doivent rechercher le développement d'une race à double aptitude, fournissant de grands rendements en laines fines et produisant d'excellente viande répondant au goût du marché parisien : la prédominance du mouton de l'Ile-de-France devra donc être de plus en plus grande ;

2° Les modes d'exploitation peuvent différer suivant les fermes, mais ils se ramènent à trois principaux :

*a*) Conserver des troupeaux d'élevage pendant plusieurs années en vendant chaque année les agneaux pour la boucherie après avoir prélevé les agnelles nécessaires au remplacement des brebis réformées. On a ainsi des ventes régulières d'animaux de boucherie (agneaux et brebis réformés) et l'on bénéficie des tontes successives ;

*b*) Se livrer exclusivement à l'engraissement intensif d'agneaux destinés à la boucherie, ces agneaux étant achetés en avril pour être revendus en janvier suivant, avant la période de remplacement des dents de lait ;

c) Acheter des brebis de réforme auxquelles on ne demande plus qu'un seul agnelage avant de les revendre pour la boucherie, au bout d'un an environ, en même temps que leurs agneaux. Ce mode d'exploitation a l'avantage de procurer deux tontes et de réaliser, en une courte période, des ventes importantes d'animaux de boucherie, adultes et jeunes ;

3° Dans le premier mode d'exploitation, on se trouvera bien de pratiquer le croisement de première génération avec des béliers précoces et de bonne origine achetés à l'extérieur. Les agneaux obtenus et destinés à la boucherie y gagneront en poids et en hâtivité de développement. Si l'on ne veut pas acheter de béliers, on peut faire une location, ce qui revient au même et se pratique d'ailleurs très couramment. Ce croisement de première génération serait aussi à conseiller aux propriétaires de troupeaux chez qui les moutonniers achètent des agneaux d'engraissement suivant le second mode d'exploitation ;

4° Il y a, présentement, un fort débouché pour les agneaux de 6 à 8 mois répondant à la formule du jeune mouton précoce dont les carcasses ne dépassent pas 20 à 22 kilogrammes de viande nette.

Cependant, en vue d'intensifier la production de la laine, sans que — une fois le roulement établi — celle de la viande en soit influencée, il y aurait intérêt à retarder l'époque de la vente des jeunes et à les conserver jusqu'à un an et demi ou deux ans. Ils fourniraint ainsi une toison de plus et une toison plus lourde, puisque ce serait celle d'une deuxième tonte. Le prix de vente des 2 à 5 kilos de laine supplémentaire ainsi obtenus compensera largement, dans la plupart des cas, les dépenses d'entretien pendant un an ou dix-huit mois. Mais il ne sera jamais avantageux de conserver des moutons au delà de deux ans, car l'intérêt qui subsistera toujours de produire rapidement de la viande jeune empêchera le retour au procédé ancien et nettement périmé de l'exploitation du mouton adulte sacrifié à cinq ou six ans.

Ainsi comprise, l'industrie moutonnière pourra longtemps encore constituer un des facteurs les plus intéressants de la richesse de notre production départementale.

---

## BIBLIOGRAPHIE


1. — Baron (R.), *Méthodes de reproduction en Zootechnie*, 1888.

2. — Boulet (E.), *Le Parfait Berger* (Revue de Zootechnie, 1923).

3. — Cornevin (Ch.), *Traité de Zootechnie générale*, 1891.

4. — Dannaud (H.) et Recoura (M.), *Le Syndicat des Eleveurs de la race ovine de l'Ile-de-France et son Flock-Book* (Revue de Zootechnie, 1926).

5. — Dechambre (P.), *Les Ovins.*

6. — Dechambre (P.), *Zootechnie générale*, 1911.

7. — Dechambre (P.), *L'élevage du mouton dans nos colonies en vue de la production de la laine* (Revue de Zootechnie, 1927).

8. — Dechambre (P.), *Méthode d'examen des laines en vue de la détermination de leurs qualités zootechniques et industrielles* (Revue de Zootechnie, 1927).

9. — Dechambre (P.), *Statistiques concernant la production de la laine* (Revue de Zootechnie, 1927).

10. — Dechambre (P.), Voitellier et Driat. *Rapport d'expertise au Tribunal de Melun, concernant les réquisitions de laine par l'Intendance militaire*, 1918.

11. — Degois, *L'orientation du mérinos français* (Revue de Zootechnie, 1928).

12. — Direction des Services Agricoles de Seine-et-Marne, *Statistiques.*

13. — Direction des Services Vétérinaires de Seine-et-Marne, *Statistiques.*

14. — Giniéis (J.), *La connaissance du bétail*, 1912.

15. — Girard (H.) et Jannin (G.), *Le Mouton*, 1920.

16. — Hilsont (E.), *Le mérinos et nos possessions africaines* (Revue de Zootechnie, 1923).

17. — Hilsont (E.), *L'avenir du mérinos* (Revue de Zootechnie, 1924).

18. — Laplaud (M.) et Rousseau, *La méthode des Vaulx de Cernay pour le contrôle des laines* (Revue de Zootechnie, 1926).

19. — Lauvray (L.), *Concours spécial de la race ovine de l'Ile de France* (Revue de Zootechnie, 1923).

20. — Magne (J.-H.), *Principes d'agriculture et d'hygiène vétérinaire*, 1845.

21. — Magne (J.-H.), *Races ovines.*

22. — Masse (A.), *Le troupeau français après 3 ans de guerre.*

23. — Moussu (G.), *Traité des maladies du bétail*, 1902.

24. — Rayer (A.), *Etude de l'économie rurale du département de Seine-et-Marne*, 1895.

25. — Reclus (O.), *Atlas pittoresque de France* (fascicules XXXIV et XXXV).

26. — Rossignol (H.), *Notes manuscrites sur la dépécoration en Seine-et-Marne*, 1898.

27. — Rossignol (H.) et Dechambre (P.), *Eléments d'hygiène et de zootechnie*, 1894.

28. — Sanson (A.), *Hygiène des animaux domestiques*, 1870.

29. — Sanson (A.), *Traité de Zootechnie*, 1881.

30. — Sanson (A.), *Les Ovins.*

31. — Selva (C. de), *Le mouton mérinos précoce du Soissonnais et de la Champagne* (Revue de Zootechnie, 1926-1927).

32. — Senarmont (de), *Essai d'une description géologique du département de Seine-et-Marne*, 1884.

33. — Zolla (D.), *Notre régime douanier et les intérêts de l'élevage* (Revue de Zootechnie, 1927).

# TABLE DES MATIÈRES

www.ingramcontent.com/pod-product-compliance
Ingram Content Group UK Ltd.
Pitfield, Milton Keynes, MK11 3LW, UK
UKHW021559260726
13993UKWH00002B/927

9 782329 202938